Toni Huber
Pirsch- & Schusszeichen

stv

Umschlaggestaltung:
Werbeagentur Rypka GmbH, 8143 Dobl/Graz, www.rypka.at
Foto Umschlag-Vorderseite: iStock/cmoody

Bibliografische Information der Deutschen Nationalbibliothek
Die Deutsche Nationalbibliothek verzeichnet diese Publikation in der Deutschen Nationalbibliografie; detaillierte bibliografische Daten sind im Internet unter http://dnb.d-nb.de abrufbar.

Hinweis: Dieses Buch wurde auf chlorfrei gebleichtem Papier gedruckt. Die zum Schutz vor Verschmutzung verwendete Einschweißfolie ist aus Polyethylen chlor- und schwefelfrei hergestellt. Diese umweltfreundliche Folie verhält sich grundwasserneutral, ist voll recyclingfähig und verbrennt in Müllverbrennungsanlagen völlig ungiftig.

Auf Wunsch senden wir Ihnen gerne kostenlos unser Verlagsverzeichnis zu:
Leopold Stocker Verlag GmbH
Hofgasse 5/Postfach 438
A-8011 Graz
Tel.: +43 (0)316/82 16 36
Fax: +43 (0)316/83 56 12
E-Mail: stocker-verlag@stocker-verlag.com
www.stocker-verlag.com

ISBN 978-3-7020-1748-4

Layout und Repro: Werbeagentur Rypka GmbH, 8143 Dobl/Graz
Druck und Bindung: Gorenjski tisk, Kranj – Slowenien

TONI HUBER

PIRSCH- & SCHUSS- ZEICHEN

LESEN & INTERPRETIEREN

Leopold Stocker Verlag
Graz – Stuttgart

Inhaltsverzeichnis

Einleitung . . . 9
Übung macht den Meister . . . 11

1. Vor dem Schuss . . . 13
Überprüfung der Waffe . . . 13
Jagdfieber . . . 14
Landschaftliche Gegebenheiten . . . 14
Schussbedingungen . . . 15
Wie ist das Gelände beschaffen, gibt es einen Kugelfang? . . . 16
Hat das Geschoss sicher freie Flugbahn? . . . 17
Kann ich das Stück zweifelsfrei richtig ansprechen? . . . 18
Wie verhält sich das Wild? . . . 18
Habe ich eine gute und sichere Auflage? . . . 19
Steht das Wild in optimaler Schussposition? . . . 22
Wie sind die Wetter- und Lichtbedingungen? . . . 23
Wie weit ist das Stück entfernt? . . . 23

2. Schussabgabe . . . 25
Was bewirkt der Schuss . . . 26

3. Schusszeichen . . . 27
Verhalten des Wildes im und nach dem Schuss . . . 30
Sitz des Schusses – Schusswirkung . . . 30
Rückgrat . . . 30
Krellschuss . . . 30
Laufschuss . . . 32
Kammerschüsse . . . 33
Lungen- oder Hochblattschuss . . . 34
Tiefblattschuss . . . 35

Leberschuss ... 36
Nierenschuss ... 37
Trägerschuss/Drosselschuss ... 37
Weidwundschüsse ... 38
Wildbretschuss ... 39
Äser- bzw. Gebrechschuss ... 40
Streifschüsse ... 42
Fehlschuss ... 42

4. **Nach dem Schuss** ... **43**
Standortbruch (Standplatzbruch) ... 43
Der Anschuss ... 44
Interpretation des Anschusses ... 46

5. **Pirschzeichen** ... **47**
Pirschzeichen finden ... 47
Pirschzeichen im Schnee ... 49
Verschiedene Pirschzeichen ... 51
Schweiß: Art und Beschaffenheit ... 51
Wildbretstücke, Organteile, Panseninhalt ... 56
Schnitt- und Schlaghaar, Borsten ... 58
Schaleneingriffe und Ausrisse ... 60
Knochensplitter/Knochenmark ... 61
Deckenfetzen, Zähne, Teile des Geweihs ... 63
Kugelriss ... 64

6. **Auf der Krankfährte/Fluchtfährte** ... **66**
Verhalten von krankem Wild ... 69
Bodenverwundung ... 71

7. **Zusammenfassung: Schuss – Schusszeichen – Pirschzeichen** .. 73
Übersichtstabelle 74

8. **Die Nachsuche** 76
Durchschnittliche Nachsuchenstrecken 77
Rotwild 77
Rehwild 78
Schwarzwild 79

9. **Einige Gedanken zum Schluss** 81
Kontaktadressen 82
Literaturnachweis 82
Bildnachweis 82

10. **Anhang – Brüche** 83
Bruchzeichen 83
Verständigungsbrüche 84
Der Standplatzbruch 84
Der Warnbruch 85
Hauptbruch und Leitbruch 86
Der Anschussbruch 87
Der Fährtenbruch 88
Der Wartebruch 89
Der Wartebruch (warten aufgegeben) 90
Brauchtumsbrüche 91
Der Inbesitznahmebruch 91
Der letzte Bissen 91
Der Erlegerbruch 92
Der Festtagsbruch 93
Der Nachsuchenbruch (wie Erlegerbruch) 93
Der Trauerbruch 94

Einleitung

Jeder Jäger hat Angst davor, und dennoch kann es dem besten Schützen passieren: Das Wild „liegt nicht im Feuer“. Sogar ein guter, tödlicher Schuss garantiert nicht, dass das getroffene Stück nicht vom Anschuss geht. Umso wichtiger ist es, zu wissen, was dann zu tun ist. Die beste Voraussetzung, das Wild auch zu finden, ist ein gut ausgebildeter Jagdhund.

Aber der Jäger selbst muss seinen Beitrag leisten. Das beginnt bereits vor dem Schuss, setzt sich mit der genauen Beobachtung des Wildes nach dem Schuss fort und fordert schließlich fundiertes Wissen bei der Kontrolle des Anschusses.

Daher ist das vorliegende Buch auch in dieser Form aufgebaut. Einleitend wird erklärt, was der Jäger beachten muss, bevor er auf Schalenwild schießt. Ob er den Schuss gefahrlos abgeben kann (Kugelfang), ob er das Stück auch tatsächlich richtig angesprochen hat (Geschlecht, Alter …), ob die Entfernung nicht zu groß, das verwendete Kaliber das richtige ist und ob das Wild auch „breit“ steht.

Genauso wichtig ist jedoch, dass sich der Schütze bereits vor der Schussabgabe das vor ihm liegende Gelände (Schussfeld) genauestens ansieht und sich prägnante Punkte (z. B. einen einzeln stehenden Baum, eine Buschgruppe oder Geländeformationen) einprägt, denn gerade in deckungsreichen Revieren oder im Gebirge passiert es häufig, dass das beschossene Stück aus dem Sichtfeld des Schützen verschwindet. Und außerdem empfiehlt es sich, den eigenen Standplatz (gerade bei Pirsch- oder Drückjagden) zweifelsfrei zu markieren. Das dient bei der Anschussuntersuchung zur Rekonstruktion der Geschossflugbahn. Einfacher ist diese Überprüfung, wenn die Schussabgabe von einer festen Ansitzeinrichtung, von einem Schirm, einer Kanzel oder einem Leitersitz, erfolgt ist.

Direkt bei der Abgabe des Schusses sollte der Jäger selbst sorgfältigst darauf achten, wie er abgekommen ist, ob ein Kugelschlag zu hören war und vor allem wie das Wild nach dem Schuss reagiert hat.

Leider kommt es wie gesagt aus verschiedensten Gründen vor, dass das beschossene Wild flüchtig abgeht. Wenn das Wild nicht am Anschuss oder in Sichtweite zusammenbricht, gilt als oberstes Gebot, Ruhe, Ruhe und nochmals Ruhe. „Nach dem Schuss pressiert gar nichts mehr“, bläute der „Jaga-Max“, mein erfahrener Lehrmeister, mir immer wieder ein. Denn es braucht eine gewisse Zeit, um das Wild „krank werden zu lassen“, deshalb ist es sehr wichtig, nicht zu früh zum Anschuss zu gehen.
Wenn auch nur die geringste Möglichkeit besteht, dass das beschossene Wild noch in der Nähe steht oder im Wundbett liegt, darf der Anschuss auf keinen Fall vorzeitig aufgesucht werden. Durch den suchenden Jäger wird das Stück, welches ja zwischen dem Schuss (Schmerz) und dem Menschen keinen Zusammenhang sieht, nur unnötig beunruhigt und aufgemüdet.

Der Anschuss sollte sehr vorsichtig, aber nicht schleichend betreten werden. Niemals – und das ist ehernes Gesetz – darf auf dem Anschuss blindlings herumgetrampelt werden. Dadurch würde im Fall einer eventuellen Nachsuche die Arbeit für Hund und Hundeführer nur erschwert.

Auf jeden Fall – auch zur eigenen Orientierung – sollte der Anschuss verbrochen und die vermutliche Fluchtrichtung gekennzeichnet werden. Dazu dient ein armlanger Bruch (Ast) oder ein leuchtend buntes Band. Allerdings sollte das Band nie aus Kunststoff sein, damit es verrottet, wenn man vergisst, es abzunehmen. Man kann z. B. Bänder aus alten Baumwoll- oder Leinenstoffen schneiden und diese eventuell bunt mit Lebensmittelfarbe (Ostereierfarbe) einfärben. Das ist umweltfreundlich, denn die Baumwollbänder verrotten. Es gibt aber im Fachhandel (Jagd, Forstzubehör) auch farbige Bänder in den Breiten 20 oder 40 mm zu kaufen. Eine Rolle (75 m) kostet knapp € 3,00. Der Vorteil dieser Bänder ist, dass sie aus Zellstoff sind und in einem Zeitraum von 1 bis 1 ½ Jahren verrotten.

Übung macht den Meister

Es ist eine unumstößliche Tatsache, dass die Beachtung aller wichtigen Faktoren vor dem Schuss, die Beobachtung und Deutung der Schusszeichen sowie das Auffinden des Anschusses, dessen Untersuchung und Auswertung viel Übung und Erfahrung erfordern. Bei weitem nicht alle Jäger haben die Möglichkeit, mehrmals wöchentlich oder sogar täglich auf die Jagd zu gehen. Deshalb ist es auch nicht verwunderlich oder verwerflich, dass viele nicht über diese nötigen

Erfahrungswerte verfügen. Das vorliegende Büchlein soll diesem Umstand gerecht werden und all jenen, die sich beim Deuten der Schusszeichen und beim „Lesen“ und Interpretieren der Pirschzeichen nicht ganz sicher sind, ein kleiner Ratgeber und Revierhelfer sein. Es erhebt nicht den Anspruch, ein Leitfaden für angehende Schweißhundeführer zu sein. Dazu gibt es einschlägige gute Literatur von erfahrenen Schweißhundeführern und Schweißhundestationen.

1. Vor dem Schuss

Wie in der Einleitung bereits erwähnt, achtet der verantwortungsvolle Jäger bereits vor dem Schuss penibel darauf, Fehlschüsse zu vermeiden. Das beginnt schon lange vor dem ersten Pirschgang, denn die beiden wichtigsten Voraussetzungen für einen guten Schuss sind ein perfekt eingeschossenes Gewehr sowie ein treffsicherer Schütze.

Überprüfung der Waffe

Es sollte sich daher von selbst verstehen, zu Beginn eines jeden Jagdjahres die Jagdwaffen, also des Jägers „Handwerkszeug“, auf ihre Treffsicherheit zu überprüfen. So weiß man dann mit Gewissheit, dass ein Gewehr in Ordnung ist und im Idealfall der Schuss sitzt. Außerdem dienen Probeschüsse jedem Schützen durchaus als „Übung“, um das Selbstvertrauen und die Sicherheit bei der Schussabgabe zu erhöhen. Denn wenn es dann so weit ist, spielen ohnehin noch genügend andere Umstände mit, die Fehlschüsse verursachen können: Ist der Schütze erfahren und ruhig oder ist er nervös? Hat er eine gute Auflage oder muss er freihändig schießen? Auf welche Entfernung wird geschossen? Ist die Schussbahn frei von Ästen, hohem Gras etc.? Erfolgt der Schuss in Hast und Eile oder kann sich der Schütze Zeit lassen? All diese Faktoren und andere nicht vorhersehbare Einflüsse können durchaus dazu führen, dass auch der beste Schütze „fehlt“, also danebenschießt. Deshalb ist es ratsam, dass jeder Jagdausübende, egal ob Berufs- oder Aufsichtsjäger, Besitzer einer Eigentumsjagd, Jagdpächter oder Jagdgast, sich auf einem Schießstand vom ordnungsgemäßen Zustand seiner Waffen und von seiner eigenen Treffsicherheit überzeugt und einige Probeschüsse macht. Leider gibt es viele Jäger, die ihre Fähigkeiten bei weitem überschätzen. Es sollte für jeden Jäger zum Grundverständnis gehören, dass er sein Handwerkszeug, nämlich seine Waffe, sicher beherrscht. Auch das Wissen um die Treffpunktlage seiner Waffe sollte für den Schützen selbstverständlich sein. Diese Sicherheit im Umgang mit der Waffe ist jedoch nur durch viel Übung und Erfahrung zu erlangen.

Jagdfieber

Ein gewisses Maß dieser prickelnden Aufregung, die wohl jeder begeisterte Jäger vor oder nach dem Schuss verspürt, gehört ganz einfach zur Jagd dazu. Dennoch ist es von enormer Wichtigkeit, sich als Jäger besonnen, ruhig und analytisch zu verhalten. Vor allen Dingen braucht ein Jäger ein hohes Maß an Konzentration und die Fähigkeit, das Jagdfieber (= Stress) im entscheidenden Moment, also bei der Schussabgabe, so weit wie möglich auszuschalten. Nimmt das Jagdfieber überhand, werden leicht Fehler begangen!

Landschaftliche Gegebenheiten

Bereits vor der Schussabgabe kann der verantwortungsbewusste Jäger durch sein eigenes richtiges Verhalten dazu beitragen, später den Anschuss auch zweifelsfrei und sicher zu finden. Dazu ist es notwendig, die Umgebung genauestens zu studieren und sich einzelne landschaftliche Details einzuprägen. Genaue Informationen über den Anschussbereich und sicheres Wiederfinden der Anschussstelle erleichtern dem eventuell herbeigerufenen Schweißhundeführer seine Einschätzung und die Nachsuche.

Schussbedingungen

Sind die Schussbedingungen optimal? Diese wichtige Frage, die von vielen Faktoren abhängig ist, muss sich der Schütze vor der Abgabe des Schusses unbedingt stellen. Dazu gehört das vorher erwähnte Einprägen wichtiger Details, um sich bei der späteren Anschusssuche orientieren zu können, ebenso, wie sich ein Bild vom Schussfeld zu machen. Einige weitere Umstände müssen unbedingt überprüft werden, bevor ein Schuss abgegeben wird, diese werden allesamt im Folgenden näher erläutert:

Hier ist ein guter Kugelfang gegeben.

Hier ist ein guter Kugelfang gegeben.

Wie ist das Gelände beschaffen, gibt es einen Kugelfang?

Es spielt eine große Rolle, ob das Stück auf einem flachen, weiten Acker ist, hinter dem sich eventuell eine Straße oder gar Häuser befinden, oder ob man im Gebirge oder in hügeliger Landschaft bergauf schießt und der Hügel hinter dem Stück einen optimalen Kugelfang abgibt.

Auf Wild, das auf befestigten Wegen (Forststraßen) zieht oder über diese wechselt, sollte nicht geschossen werden. Befestigte Wege und Straßen bieten keinen Kugelfang, hier sind Abpraller und Querschläger vorprogrammiert.
Auf keinen Fall darf geschossen werden, wenn auch nur die geringste Gefahr besteht, Menschen oder Haustiere zu gefährden!

Hat das Geschoss sicher freie Flugbahn?

Bereits vor dem Einrichten des Standplatzes sollte sich der Schütze vergewissern, ob er von seinem Platz aus den Standort des Wildes einsehen kann oder ob Hindernisse die freie Sicht erschweren und verbergen. Das Stück muss unbedingt vollständig und gut zu sehen sein. Äste und Zweige können die Flugbahn des Geschosses beeinträchtigen, das reicht vom Ablenken der ursprünglichen Flugbahn bis zur Zerlegung des Geschosses. Hierbei kann es zu einer Splitterstreuung kommen, was den Gefährdungsbereich drastisch erhöht.

Hier ist ein Großteil des Wildkörpers von hohem Getreide verdeckt. Eine Ablenkung des Geschosses und dessen Zerlegung ist in diesem Fall sehr wahrscheinlich.

Während der Brunft beschossenes Wild hat meist eine hohe Fluchtdistanz bedingt durch den erhöhten Testosteronspiegel.

Kann ich das Stück zweifelsfrei richtig ansprechen?

Kein verantwortungsvoller Jäger wird je einen Schuss abgeben, wenn er sich nicht sicher ist, dass er ein „passendes" Stück vor sich hat. Wenn man nicht genau erkennen kann, ob es sich um Bock oder Geiß handelt, ob Geiß oder Tier führend sind, ob Hirsche der Klasse I auch alt genug sind, ob es sich um ein starkes, gesundes oder um ein offensichtlich krankes Stück handelt, dann gibt es nur eine Devise: Finger weg vom Abzug!

Wie verhält sich das Wild?

Auch das Verhalten des Stückes selbst sollte der Schütze vor dem Schuss genau beobachten. Zieht es vertraut zur Äsung oder ist es durch irgendwelche Umstände (z. B. Brunft) in

Alarm- und Erregungszustand? Könnte es unter Umständen die Witterung des Jägers wahrgenommen haben? Denn wenn das Wild bereits auf Flucht programmiert ist, kann es leicht zu einem Fehlschuss kommen. Auf eine spätere Nachsuche wirkt sich das ebenfalls nachteilig aus, weil weite Fluchtstrecken die Folge sind.

Habe ich eine gute und sichere Auflage? Kann ich an einem Baum oder meinem Jagdstock (Bergstecken) sicher und stabil anstreichen?

Eine gute Auflage ist die beste Garantie für einen guten Schuss. Doch oft sind die Gegebenheiten nicht optimal, manchmal muss man sogar stehend schießen, deshalb sollte man immer einen Jagdstock (Bergstecken) bei sich haben, um zumindest stehend angestrichen schießen zu können. Optimal ist natürlich eine sitzende Position z. B. auf dem Hochsitz oder Bodensitz, wo man das Gewehr vor sich auflegen (vorzugsweise nicht direkt auf dem Holz auflegen, sondern z. B. eine Lodenkotze oder Jacke dazwischenlegen) und im besten Fall auch die Ellbogen abstützen kann. Wenn man am Boden liegend schießt, sollte man das Gewehr auch möglichst auf einer Unterlage (z. B. dem Rucksack) auflegen.

Steht das Wild in optimaler Schussposition?

Dieser Punkt darf natürlich keinesfalls vernachlässigt werden. Wenn ein Stück nicht „breit", sondern „spitz" steht, ist ein Jagderfolg wenig aussichtsreich! Eine wichtige Tatsache sollte stets im Bewusstsein verankert sein: Wild empfindet wie jedes andere Geschöpf Schmerz und Leid. Deshalb sollte der weidgerechte Jäger dem Wild den nötigen Respekt zollen und nur dann schießen, wenn er davon ausgehen kann, dem Tier kein unnötiges Leid zuzufügen.

Auf jeden Fall sollten sogenannte „Küchenschüsse" oder „Kunstschüsse" auf Träger oder Haupt des Wildes unterbleiben. Träger und Haupt des Wildes sind ständig in Bewegung, und das Ziel, das eine tödliche Wirkung verspricht, ist gerade mal drei Finger breit. Das Ergebnis sind meist sogenannte „Schlumpschüsse", die Drossel oder Äser bzw. Gebräch treffen und dem Wild nur unnötige Schmerzen bereiten. Oft werden solche Schüsse noch dazu als Fehlschuss oder Streifschuss eingeschätzt und somit nicht nachgesucht. Doch auch eine Nachsuche ist meistens nicht erfolgreich, das auf diese Weise angeschossene Wild wird oft nicht gefunden und verludert.

Wie sind die Wetter- und Lichtbedingungen?

Nicht zu unterschätzen sind Einflüsse, die Wind und Wetter und natürlich die Lichtverhältnisse auf den Jagderfolg haben können. Nebel, Regen oder Schneefall können die Sicht stark beeinträchtigen, bei starkem, böigem Wind sollte sicherheitshalber kein Schuss abgegeben werden. Und natürlich muss das Schusslicht ausreichend sein, um sicher sein zu können, dass der Schuss auch sitzt!

Wie weit ist das Stück entfernt?

Schließlich spielt auch die Entfernung eine große Rolle. Es ist gar nicht so einfach, diese richtig einzuschätzen, es gehört viel Übung dazu. Gerade im Gebirge wird die Entfernung sehr oft unterschätzt, wenn steil bergauf oder bergab geschossen wird.
Schüsse in sehr steilem Gelände haben ihre ganz eigene Ballistik. Der unerfahrene Jäger, der selten oder noch nie am Berg gejagt hat, wird das Wild mit Sicherheit über- oder unterschießen, da er gewohnheitsmäßig auf das Blatt zielt.

Je weiter weg das Stück ist, umso geübter sollte der Schütze sein, um bei einem Weitschuss auch wirklich zu treffen. Die Entfernung spielt auch eine Rolle bei der Wahl des richtigen Kalibers. Die überaus wichtigen Fragen „Traue ich mir die Entfernung zu?“ und „Taugt das Kaliber meiner Waffe für die Wildart?“ vernachlässigen leider viele Jäger.

Bei Schüssen über 200 Meter Entfernung und Schusswinkeln von 45 ° und mehr gilt der alte Spruch: „Bergauf oder bergrunter, halte stets drunter.“

2. Schussabgabe

Wenn nun alle oben beschriebenen Bedingungen beachtet und für gut befunden sind und der Jäger sicher ist, einen guten Schuss auf das Wild abgeben zu können, „darf sich der Finger krümmen". Wichtig ist – wie schon erwähnt – möglichst ruhig und nicht zittrig zu sein, eine gute Auflage zu haben und das Gewehr fest im Anschlag zu halten.

Manche Jäger haben eine sogenannte **Schussangst**. Sie kneifen kurz vor oder bei der Schussabgabe beide Augen zu (das nennt man auch „mucken") und reißen den Abzug regelrecht durch. Dadurch sitzt der Schuss nicht immer dort, wo er sitzen sollte. Außerdem kann man so auf keinen Fall sehen, was das Wild nach dem Schuss macht.

Deshalb sollte der Schütze beim Blick durch das Zielfernrohr nach Möglichkeit beide Augen offen haben, um bei der Schussabgabe „durch den Schuss sehen zu können", d. h., das Wild auch nach dem Schuss weiterhin beobachten zu können. Für manche ist es gar nicht so einfach, mit beiden geöffneten Augen zu zielen, doch es kann ebenso wie vieles andere durch beständiges Üben antrainiert werden – allerdings sollte diese Übung auf dem Schießplatz erfolgen!
Auch ein akustisches Zeichen kann versierten Jägern verraten, ob das Stück getroffen wurde oder nicht: Bei genauem Hinhören kann man unmittelbar nach dem Schuss mit der Büchse den „Kugelschlag", also das Auftreffen des Geschosses auf dem Wildkörper, hören – allerdings nicht bei kurzer Schussdistanz!

Was bewirkt der Schuss?

Durch das Auftreffen der Kugel auf den Wildkörper wird die Energie des Projektils an den Wildkörper abgegeben.

Dadurch treten folgende Symptome auf:

- das Nervensystem wird gestört
- rund um den Schusskanal platzen alle flüssigkeitsführenden Gefäße
- Organe werden zerstört

Je rasanter das Geschoss auf den Wildkörper auftrifft, umso mehr Energie kann es abgeben, somit ist die tödliche Wirkung des Schusses größer. Das schockartige Lähmen des Nervensystems und das Zerstören der Gefäße führt beim Wild zum Verenden. Wie stark die Schockwirkung ist, hängt vom Sitz des Geschosses ab, aber auch vom gegenwärtigen Zustand des Wildes. Bei Stücken, die beim Verhoffen oder Ziehen beschossen werden, ist der Schock größer als bei Wild, das bereits einen Schuss quittiert hat (also wenn es bereits angeschossen wurde und wenn nachgeschossen oder gehetzt wird).

3. Schusszeichen

Vorab ist zu erwähnen, dass die Schusszeichen, also das „Zeichnen des beschossenen Wildes im Schuss“ und das „Verhalten nach der Schussabgabe“, zum Überbegriff Pirschzeichen (früher auch „Pürschzeichen“ genannt) gehören.
In diesem Buch werden Schusszeichen als eigenes Kapitel behandelt, weil sie unmittelbar nach dem Schuss beobachtet werden müssen und die übrigen Pirschzeichen (Schweiß, Schnitthaare/-borsten, Knochensplitter, Mark, Wildbretstücke, Eingriffe und Ausrisse …) erst am Anschuss und auf der Wundfährte gefunden werden.
Um Schusszeichen wahrzunehmen, zu erkennen und schließlich zu deuten, braucht es Erfahrung. Wichtigste Voraussetzung ist jedoch die Beobachtung des Stücks während und auch nach dem Schuss. Denn nur dann ist der Schütze in der Lage, das Schusszeichen zu erkennen und zu analysieren.
Ein Schusszeichen ist die Reaktion des Stückes beim Auftreffen des Geschosses auf den Wildkörper. Wenn das Geschoss den Körper trifft, dann „zeichnet“ das Wild, das bedeutet, es zeigt eine bestimmte Reaktion, eine bestimmte Bewegung (das Verhalten im Schuss wird auch „quittieren“ genannt). Je nachdem, an welcher Stelle das Projektil auf den Wildkörper trifft, sind auch die Reaktionen, also die Schusszeichen des Stückes unterschiedlich. Genau beschrieben werden die Schusszeichen bei verschiedenen Schüssen (z. B. Lungenschuss, Laufschuss, Krellschuss usw.) ab der Seite 30.
Wenn das beschossene Wild nicht zeichnet und flüchtig abgeht, ist anzunehmen, dass der Schuss danebenging. Trotz-

Schmalspießer zeichnet nach dem Schuss, vermutlich ein Hochblattschuss

dem darf eine Kontrolle des Anschusses nicht unterbleiben. Allerdings kann beschossenes Wild trotzdem zeichnen, auch wenn es z. B. unterschossen und durch aufspritzendes Erdreich erschreckt wurde.

Das Schusszeichen (das Zeichnen des Wildes) gibt also die ersten Anhaltspunkte über den Sitz der Kugel und damit einen Plan für die Nachsuche, wenn das Wild nicht im Feuer liegen sollte. Schalenwild zeichnet bei gleicher Trefferlage ziemlich einheitlich. Wenn das beschossene Schalenwild einzeln und ruhig steht, zeichnet es im Regelfall ziemlich deutlich und gut erkennbar. Anders verhält es sich bei Bewegungsjagden, also Treib- oder Drückjagden, aber auch

Wegziehen nach dem Schuss

während der Brunft, dort ist ein Zeichnen fast oder gar nicht erkennbar, da sich das Wild in Bewegung befindet. Muffelwild zeichnet nicht so deutlich. Auch Wild, das sich in Erregung befindet (z. B. bereits beschossene Stücke, wenn also nachgeschossen werden muss) oder Wild im Brunftgeschehen zeigt ebenfalls keine eindeutigen Schusszeichen. Am schwierigsten ist es beim Schwarzwild, hier kann man das Schusszeichen sehr leicht übersehen. Durch die kompakte Körperform der Sauen und das Senken des Hauptes bei Blattschüssen werden sie nicht so deutlich wahrgenommen wie bei anderem Wild. Dazu kommt, dass Schwarzwild oft bei schlechtem Licht (Mondschein, nachts bei Schnee etc.) beschossen wird.

Verhalten des Wildes im und nach dem Schuss

Durch genaue Beobachtung, wie das Stück im Moment des Auftreffens des Geschosses auf den Wildkörper reagiert und wie es sich verhält, kann der Sitz des Projektils relativ genau bestimmt werden. Deshalb kann das Zeichnen des Stückes „im" Schuss, also wenn das Wild den Erhalt der Kugel „quittiert", wichtige Hinweise auf die Lage des Schusses geben. Wichtiger jedoch ist das Verhalten nach dem Schuss, also das Wegziehen, Verhoffen, die hohe, tiefe oder „blinde" Flucht, der schlenkernde Lauf usw. Auf jeden Fall unterscheiden sich die Schusszeichen und das Verhalten nach dem Schuss deutlich, je nachdem, an welcher Stelle das Wild getroffen wurde:

Sitz des Schusses – Schusswirkung

Rückgrat (1)

Wenn das Rückgrat (Wirbelsäule) getroffen wird, werden alle Nervenbahnen zerstört, was zum sofortigen Zusammenbrechen und Verenden führt.

Krellschuss (2)

Ein Treffer im Bereich der Wirbelsäule (Dornfortsätze) wird Krellschuss genannt. Dadurch wird ein Schock des Nervensystems ausgelöst und das Wild bricht auf der Stelle zusammen. Der Schock und die Verletzung kann unterschiedlich massiv sein, davon abhängig bleibt das Wild mehr oder weniger lang bewegungslos liegen, schlegelt dann mit den Läufen, kommt wieder hoch und geht hochflüchtig ab. Je nachdem,

Skizze nach Friedrich Vorreyer, mit freundlicher Genehmigung entnommen aus: W. Frevert/K. Bergien: Die gerechte Führung des Schweißhundes; P. Parey Verlag, 4. Auflage 1979

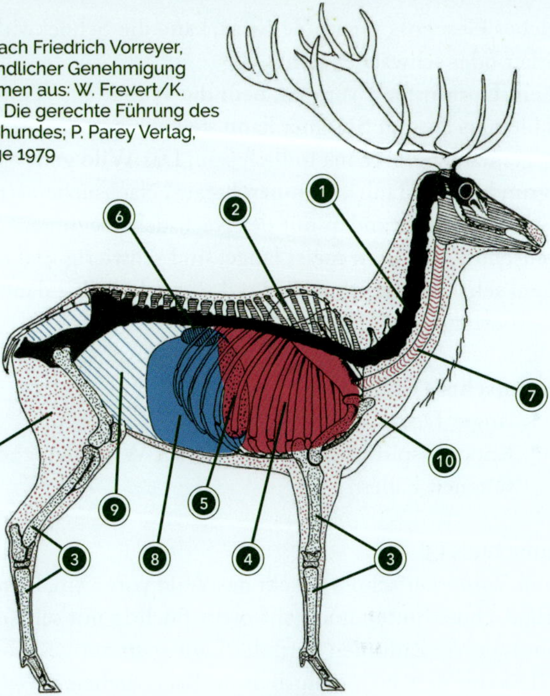

- Schuss, bei dem das Wild im Feuer bleibt
- Schuss, bei dem das Wild meist stürzt, aber wieder hoch wird
- Schuss durch die Laufknochen
- Blatt- oder Kammerschuss
- Leberschuss
- 6 Nierenschuss
- 7 Schuss durch Drossel und Schlund
- 8 Schuss durch das große Gescheide*
- 9 Schuss durch das kleine Gescheide*
- 10 Wildbretschüsse

Veidwundschüsse

welches Geschoss verwendet wird, kann die Schockwirkung stärker oder schwächer sein.
Ist ein Dornfortsatz verletzt, heilt die Wunde im Winter problemlos aus, im Sommer kann sie bei einem Befall von Fliegenmaden durchaus tödlich sein. Das Wild geht elendig zugrunde, es verfault von innen heraus. Nachsuchen (frühestens nach 2 Stunden mit der Nachsuche beginnen) bei Krellschüssen dauern meist lange, sind schwierig und nur mit einem sehr fährtensicheren Hund sinnvoll. Selbst dann sind sie oft erfolglos.

Am Anschuss findet man:

- langes Deckhaar (oft)
- Knochensplitter (Dornfortsatz der Wirbelknochen – in seltenen Fällen)

Laufschuss (3)

Beim Vorderlaufschuss knickt das Wild vorne ein, beim Hinterlaufschuss hinten und geht meist flüchtig mit schlenkerndem Lauf ab. Zuweilen wird der Lauf auch nur geschont, das Wild kann sich auch mehrmals im Kreis drehen.
Das Wild gewöhnt sich sehr schnell an das Laufen mit nur drei Läufen, Wundbetten werden selten angenommen, gelegentlich bei hohen Laufschüssen. Eine Nachsuche sollte frühestens nach 2 Stunden beginnen, ein firmer Hund ist Voraussetzung für die lange und sehr schwierige Nachsuche oft über viele Kilometer.

Am Anschuss findet man:

- wenig Schweiß
- kurzes helles Schnitthaar
- Knochensplitter (Röhrenknochen)
- evtl. auch Knochenmark

Kammerschüsse (4)

Bei Kammerschüssen werden in der Regel alle lebenswichtigen Organe (Herz, Lunge) zerstört, hier kommt es sehr häufig vor, dass das beschossene Wild nur noch reflexartig, also „blindlings“ flüchtet. Oft kommt es dabei vor, dass das tödlich verletzte Tier an Bäumen etc. anschlägt.

Hirsch zeichnet im Schuss (Tiefblattschuss)

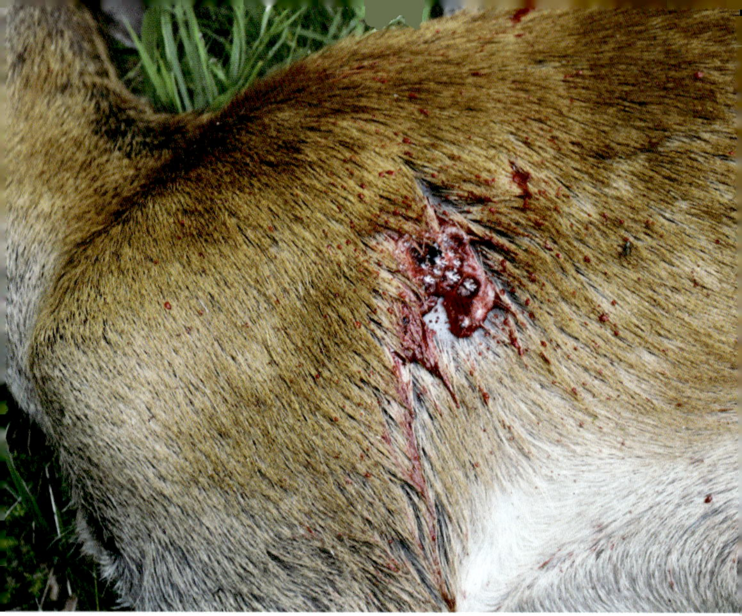

Schmalspießer mit Hochblattschuss (Lungenschuss)

Lungen- oder Hochblattschuss (4a)

Bei einem Lungen- oder Hochblattschuss zeichnet das beschossene Wild meist mit einer hohen Flucht. Wenn die Wirbelsäule verletzt wurde, kann es auch auf der Stelle niederbrechen, dann aber auch wieder hoch werden und mit eher gesenktem Haupt flüchten und dabei an Bäumen oder Sträuchern anprallen.

Bei Blattschüssen, die zu weit vorne sitzen und beide Oberarmknochen durchschlagen haben, bricht das Wild ebenfalls im Feuer zusammen, kommt aber nicht mehr auf die Läufe. Eine Nachsuche mit Hund ist meist nicht erforderlich, jedoch sollte auch hier der Grundsatz gelten, nicht sofort zum Anschuss zu gehen.

Am Anschuss findet man:

- hellroten Lungenschweiß mit kleinen Luftbläschen
- eventuell – je nach verwendetem Geschoss – kleine Teile der Lunge
- relativ viel Schweiß
- langes Schnitthaar
- wenig tiefe Eingriffe

Tiefblattschuss (4b)

Bei einem Tiefblattschuss geht das Wild mit einer tiefen, schnellen Flucht ab, um nach kurzer Strecke zusammenzubrechen. Wenn die Hauptschlagader (Aorta) dicht über dem Herzen abgeschossen und somit der gesamte Kreislauf jäh unterbrochen wird, bricht das Wild nach kurzer Flucht schlagartig zusammen und verendet nach kurzer Zeit. Manchmal schlagen Stücke mit einem Tiefblattschuss auch blindlings an Bäumen oder Sträuchern an. Der Schuss ist tödlich, nach kurzer Wartezeit (5–10 Minuten) kann man an das Stück herantreten.

Am Anschuss findet man:

- Lungen und Herzschweiß, teils mit großen Blasen, dunkel
- viel Schweiß (große Tropfbetten)
- helles, mittellanges Schnitthaar
- tiefe Eingriffe

Leberschuss (5)

Bei Erhalt der Kugel zuckt das Wild meist krampfartig zusammen und quittiert den Schuss mit einem krummen Rücken. Handelt es sich um einen tiefen Leberschuss, kann das Stück auch ähnlich wie bei einem Blattschuss zeichnen (manchmal eine hohe Flucht mit allen vier Beinen in der Luft). Der Schuss ist tödlich und sehr schmerzhaft, in ungünstigen Fällen kann das Verenden auch einige Stunden dauern. Der Anschuss darf auf gar keinen Fall aufgesucht werden, um das in der Nähe stehende Wild nicht aufzumüden. Die Nachsuche mit einem guten und fährtenstarken Hund sollte erst nach 2–3 Stunden erfolgen.

Am Anschuss findet man:

- mittellanges bis kurzes Schnitthaar
- dunklen Leberschweiß mit Leberstücken

Leberschweiß ist dunkel, manchmal rotbraun, grießelig (beim Verreiben zwischen Daumen und Zeigefinger feststellbar) und schmeckt bitter.

Nierenschuss (6)

Fast immer bricht ein Stück mit Nierenschuss sofort zusammen, wird dann aber gleich wieder hoch und flüchtet langsam oder zieht schleppend (manchmal auch mit gelähmter Hinterhand bei Wirbelsäulenverletzung) in die nächste Deckung. Das Wild kann den Schuss auch mit einem gekrümmten Rücken quittieren, auffällig ist jedoch der meist ausgestreckte, zitternde Wedel. Das Wild kann auch klagen, da die Nieren sehr schmerzempfindlich sind. Das Wild verendet, sofern es nicht aufgemüdet wird, in der Deckung nach 3–4 Stunden. Die Nachsuche sollte frühestens nach 1 Stunde angesetzt werden.

Am Anschuss findet man:

- dunkel- bis mittelroten Schweiß
- langes bis mittellanges Schnitthaar
- tiefe Eingriffe

Trägerschuss/Drosselschuss (7)

Wenn die Wirbelsäule getroffen wird, bricht das Wild schlagartig zusammen und verendet sofort. Wurde aber die Drossel durchschossen, was häufig gerade bei ungeübten Jägern vorkommt, geht das Wild flüchtig ab. Drosselschüsse sind meist tödlich, es kann aber Stunden bis zu ein paar Tage dauern, bis das Wild verendet ist. Für eine Nachsuche braucht man einen guten und fährtensicheren Hund, die Nachsuche sollte erst nach 2–3 Stunden erfolgen.

Am Anschuss findet man:

- wenig Schweiß

Auf der Fluchtfährte findet man:

- hellen, blasigen Schweiß (blutiger Schaum), meist ein Stück weit von der Fluchtfährte entfernt, wie „weggeblasen“, haftet oft an Zweigen oder hohen Gräsern in Trägerhöhe
- manchmal Schweißklumpen (bis zu Tennisballgröße)

Weidwundschüsse (8, 9)

Als Weidwundschüsse bezeichnet man Schüsse durch die inneren Organe in der Bauchhöhle von Schalenwild. Dabei unterscheidet man das große Gescheide (Weidsack = Pansen mit anhängendem Blätter-, Netz- und Labmagen) und das kleine Gescheide (Gedärme, innere Geschlechtsorgane, Harnblase).

Beim Schuss durch das große Gescheide zeichnet das beschossene Wild ähnlich wie beim Leberschuss, das Zusammenkrampfen ist nur nicht so auffällig. Die Fluchten sind kaum von denen eines gesunden Stückes zu unterscheiden. Der Schuss ist tödlich, das Wild kann jedoch noch weit ziehen und verendet erst nach 12–24 Stunden. Eine Nachsuche sollte erst nach 3-4 Stunden in Angriff genommen werden, damit das Wild im Wundbett krank werden kann.

Beim Schuss durch das kleine Gescheide schlägt das Wild häufig mit den Hinterläufen mehr oder weniger deutlich aus (je weiter hinten und je tiefer der Schuss, umso höher schlägt es aus). Es macht nur wenige, langsame Fluchten und zieht manchmal mit gekrümmtem Rücken in die nächste Deckung, um sich im Wundbett niederzutun. Das Stück verendet schneller als bei Schüssen durch das große Gescheide, da meist größere Blutgefäße getroffen sind.

Name

Straße

PLZ Ort

Telefon

E-Mail

☐ (Pflichtfeld) Ich bestätige, dass ich das 16. Lebensjahr vollendet habe und erteile meine ausdrückliche Zustimmung, dass die von mir oben angegeben Daten durch die Leopold Stocker Verlag GmbH zum Zweck der Vertragserfüllung und Leistungserbringung verarbeitet und an Auftragsverarbeiter weitergegeben werden, UND dass

☐ die angegeben Daten durch die Leopold Stocker Verlag GmbH zum Zweck des Newsletterversands verarbeitet, an Auftragsverarbeiter weitergegeben werden und ich werbliche Informationen und Angebote via Post, E-Mail, Telefon erhalte.

Ich kann meine Zustimmung jederzeit widerrufen. Dafür wende ich mich an die Leopold Stocker Verlag GmbH (Hofgasse 5, A-8010 Graz; Tel: 0043316/821636; E-Mail: datenschutz@stocker-verlag.com). Alle Infos: www.stocker-verlag.com/datenschutz.

Datum__________ Unterschrift ____________________

Stocker Verlag GmbH, Hofgasse 5, 8010 Graz, Österreich
Tel.: +43/316/82 16 36, Fax: +43/316/83 56 12
E-Mail: stocker-verlag@stocker-verlag.com, www.stocker-verlag.com

Bitte frankieren!

ANTWORTSENDUNG

Leopold Stocker Verlag

Postfach 438
Hofgasse 5
8011 Graz

Am Anschuss bzw. auf der Fluchtfährte findet man:

- wässrigen, blasigen Schweiß mit Pansen- und/oder Darminhalt
- mittellanges Schnitthaar

Wildbretschuss (10)

Wenn weder lebenswichtige Organe, Knochen, Rückgrat oder Träger getroffen werden, spricht man von einem Wildbretschuss. Das Wild zeichnet nicht oder nur undeutlich, es wirkt eher, als würde es der Kugel (bzw. dem Schmerz) ausweichen. Meist heilen solche Schüsse wieder aus, im Winter besser als im Sommer (Fliegenmadenbefall). Trotz langer, schwieriger Nachsuche kommt das Wild selten zur Strecke.

Schweißtropfen in der Fluchtfährte

Am Anschuss findet man:

- viel Schweiß
- Schnitthaar – je nach Sitz der Kugel unterschiedlich lang

Auf der Fluchtfährte findet man:

- immer weniger Schweiß

Äser- bzw. Gebrechschuss (11)

Äser- und Gebrechschüsse passieren meistens, wenn ein Trägerschuss angetragen, durch das Heben oder Senken des Hauptes dann aber der Äser bzw. das Gebrech getroffen wird. Liegt der Schuss in der Nähe des Gehirns (also im Oberkiefer), bricht das Wild zusammen, wird aber wieder hoch und flüchtet, verhofft dann jedoch häufig. Trifft das Geschoss beide Unterkieferäste, kann man das am herabhängenden Unterkiefer erkennen, das Wild geht hochflüchtig ab. Bei Rotwild kann bei einem Äserschuss ein Schütteln des Hauptes beobachtet werden, Schwarzwild mit einem Gebrechschuss taumelt beim Hochwerden und flüchtet mit gesenktem Haupt.

Ein Stück mit Äser- bzw. Gebrechschuss zieht weit, nimmt nur selten ein Wundbett an und verendet qualvoll erst nach Tagen, weil es keine Nahrung mehr aufnehmen kann. Der Beginn der langen und schwierigen Nachsuche sollte erst nach 2 Stunden erfolgen und erfordert einen sehr erfahrenen und fährtensicheren Hund.

Dieser Schmalspießer mit Kieferschuss ist qualvoll in einem Bachbett verendet. Er wurde erst am nächsten Tag nach einer 20 km (!) langen Nachsuche von einem überaus versierten Kärntner Hundeführer mit seiner für ihre Erfolge „berühmten“ Dachsbracke Flora von Auerling gefunden.

Am Anschuss findet man:

- meist nur wenig Schweiß
- mit Sicherheit Knochensplitter und ausgeschossene Zähne
- kurzes Schnitthaar
- blasigen, schaumigen, mit Speichel versetzten Schweiß

Streifschüsse

Das Wild zeichnet unterschiedlich (z. B. Streifschuss am Träger: Stück weicht zurück; Brustkern-Streifschuss: hohe Flucht; Streifschuss am Rücken: Stück duckt sich oder bricht zusammen wie bei einem Blattschuss …) und geht flüchtig ab. Streifschüsse heilen je nach Sitz gut aus.

Am Anschuss findet man (wenn überhaupt):

- Schnitthaare
- Eingriffe im Boden
- eventuell Deckenfetzen

Fehlschuss

Wird das Wild gefehlt, trifft also die Kugel den Wildkörper nicht, kann es vorkommen, dass das Stück den Knall nicht als Gefahr erkennt, oft sogar stehen bleibt bzw. nicht sofort flüchtet. Manchmal zieht es langsam und oft verhoffend vom vermeintlichen Anschuss weg. Es kann jedoch vorkommen, dass Wild auch bei einem Fehlschuss „zeichnet", wenn z. B. aufspritzende Erdklümpchen (bei einem Schuss, der in den Boden ging) das Stück „hochspringen" und schreckend hochflüchtig abgehen lassen. Natürlich sollte man, wie bereits erwähnt, den vermeintlichen Anschuss auf jeden Fall untersuchen.

4. Nach dem Schuss

Wenn die Kugel aus dem Lauf ist, sollte also der Schütze sofort und so lange wie möglich das beschossene Wild beobachten, optimalerweise durch die Zieloptik. Er kann so wertvolle Hinweise über den Sitz der Kugel und das Fluchtverhalten gewinnen.

Sicherheitshalber sollte er die Büchse sofort nachladen, idealerweise im Anschlag, damit er – wenn nötig – sofort einen zweiten Schuss antragen kann, wenn das beschossene Wild in Sichtweite stehen bleibt oder ins Wundbett geht und die Schusszeichen auf keinen sofort tödlichen Treffer schließen lassen.

Auf jeden Fall sollte unbedingt vermieden werden, zu früh zum Anschuss (den sich der Schütze hoffentlich gut eingeprägt hat) zu gehen. Oberstes Gebot ist hier wie schon gesagt Geduld.

Standortbruch (Standplatzbruch)

Wenn man den Schuss nicht von einer festen Ansitzeinrichtung abgegeben hat, gilt es erst einmal den eigenen Standort gut sichtbar und zweifelsfrei mithilfe eines Standortbruchs zu markieren (verbrechen). Das ist auch für eine eventuelle spätere Einweisung des Hundeführers eine wertvolle Hilfe.

Der Standplatzbruch, hier im Bild rechts, sollte ungefähr armlang sein und befegt, sodass nur die gewachsene Spitze verbleibt. Der „Folgebruch" ist etwa 50 cm lang und wird so gelegt, dass die gewachsene Spitze zum Anschuss zeigt.

Der Anschuss

Wenn ausreichend Zeit verstrichen ist, geht man zum Anschuss, also zu jener Stelle, wo sich das Wild befunden hat, als der Schuss gefallen ist. Wenn das beschossene Wild nicht am Anschuss oder in unmittelbarer Nähe gefunden wird, muss der Anschuss zunächst durch einen Anschussbruch gekennzeichnet werden, bevor sich der Schütze auf die Anschussuntersuchung konzentriert.

Der Anschussbruch ist armlang und wird am Anschuss in den Boden gesteckt. Der Fährtenbruch ist etwa 50 cm lang, bei weiblichem Wild zeigt die gewachsene Spitze in die Fluchtrichtung und beim männlichen Wild das mit dem Jagdmesser zugespitzte Ende. Wenn die Fluchtrichtung unbekannt ist, werden davor zwei kleinere Brüche gegeneinander gelegt.

Interpretation des Anschusses

Bei der genauen Betrachtung des Anschusses finden sich nun hoffentlich Pirschzeichen, denn wenn diese gänzlich fehlen, ist damit zu rechnen, dass der Schuss danebenging. Wer sich aber nicht sicher ist, ob eine Nachsuche bevorsteht, und wer keinen geeigneten Schweißhund hat, sollte von vornherein einen Spezialisten (Schweißhundeführer) zu Rate ziehen. Die Kontrolle und genaue Untersuchung des Anschusses sind für die Beurteilung des Schusses und somit für die Auffindung des Wildes relevant:

- An welcher Stelle wurde das Stück getroffen, wo sitzt die Kugel vermutlich?
- Welche Verletzung hat das Wild vermutlich?
- Wird es sich um eine einfache Totsuche handeln?
- Wird eine Nachsuche mit Schweißhund, eventuell sogar eine Hetze, notwendig sein?
- Wann kann mit der Nachsuche begonnen werden?

Diese Erkenntnisse gewinnt man durch die Interpretation der beobachteten Schusszeichen sowie der vorhandenen Pirschzeichen. Jeder Jäger sollte in der Lage sein, diese zu „lesen“ und richtig zu deuten. Nur wenn er die Zeichen richtig erkennen und beurteilen kann, weiß er, wie er sich verhalten soll.

5. PIRSCHZEICHEN

PIRSCHZEICHEN FINDEN

Vichtig ist bei der Untersuchung des Anschusses und der Krankfährte, nicht nur auf den Boden zu sehen, sondern lie gesamte Umgebung genau zu inspizieren. Schweiß und Schnitt- oder Schlaghaar finden sich nicht nur auf dem Boden, sondern können auch – je nach Vegetation – an hohen Grashalmen oder Blättern oder an Zweigen von Sträuchern und Bäumen zu finden sein. Teilweise sind sie auch mehrere

Anschussseminar von A. Kelle: Deutlich sieht man anhand der hinter dem Wildkörper aufgehängten Plane, dass Pirschzeichen nicht nur auf dem Boden zu suchen und zu finden sind.

Meter hinter dem vermeintlichen Anschuss (oder sogar oberhalb). Bei einem Anschussseminar kann das sehr deutlich und eindrucksvoll demonstriert werden. Solche Seminare werden von verschiedenen Jagdverbänden, Jagdaufseherverbänden oder Berufsjägerverbänden immer wieder angeboten.

Manchmal ist es schwierig, Schweiß oder andere Pirschzeichen zu finden. Gerade im Herbst, wenn die Vegetation bunt verfärbt ist und viel Laub am Boden liegt, wird es (ohne Schweißhund) unter Umständen zur wahren Herausforde-

Auf grünen Blättern, Grashalmen und besonders im Schnee ist Schweiß gut zu erkennen.

rung, kleine Schweißtropfen mit freiem Auge zu erkennen. Es gibt allerdings ein paar Tricks, wenn vermeintlich kein Schweiß am Boden oder in der Vegetation auszumachen ist: Man kniet sich hin und tupft mit einem weißen Tuch (am besten ein Papiertaschentuch) ganz vorsichtig und systematisch den Boden ab. So lassen sich auch kleinste Schweißtropfen sichtbar machen.
Ein weiterer Trick ist, Blätter umzudrehen, ob das nun auf dem Boden liegende Blätter, Blätter von Sträuchern, Bäumen oder von Gräsern sind.

Pirschzeichen im Schnee

Im Winter sind Schweißspuren zwar leichter zu finden, jedoch wird oft, je nach Beschaffenheit und Konsistenz des Schnees, ein großer Schweißverlust vorgetäuscht, während das angeschossene Stück in Wirklichkeit gar nicht so viel Schweiß verloren hat. Oder aber es ist kaum Schweiß sichtbar, obwohl welcher vorhanden wäre, weil dieser im Schnee „versunken" ist.

Bei Nassschnee z. B. bleibt der Schweiß länger an der dichteren Oberfläche und vermischt sich mit dem Schnee. Dadurch entstehen sogenannte Ausuferungen oder Ausblühungen. Dadurch erscheint der Schweißverlust viel größer, als er tatsächlich ist. So wird der ungeübte Jäger oft dazu verleitet, dem kranken Wild auch bei weniger guten Schüssen weit zu folgen, weil eben vermeintlich viel Schweiß auf der Fährte liegt, ehe er sich dann an einen erfahrenen Schweißhundeführer wendet.

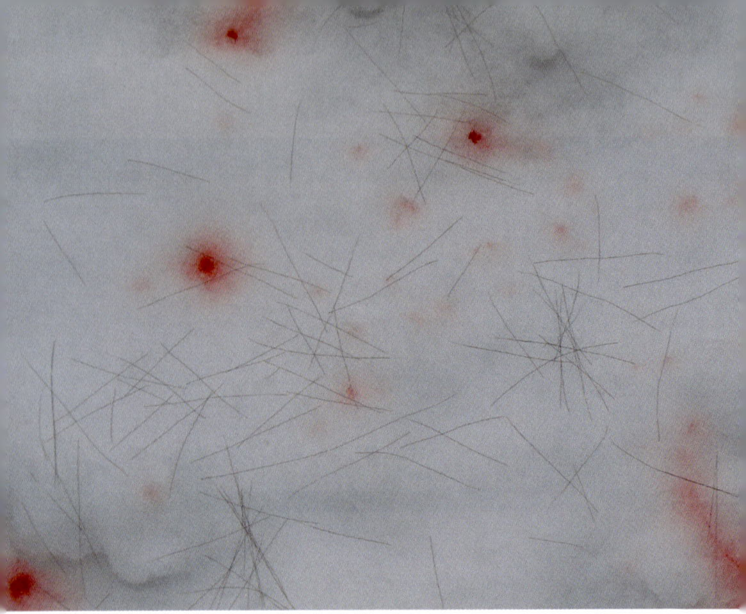

Lungenschweiß mit Schnitthaar im Nassschnee, deutlich zu sehen sind die Ausuferungen, einige kleinere Tropfen sind jedoch auch hier versunken.

Bei Pulverschnee hingegen versinken die warmen Schweißtropfen im lockeren Schnee, und oft bleiben nur einige Schnitthaare an der Oberfläche sichtbar.
Bei längerer Wartezeit ist der Schweiß fast vollständig zu Boden gesackt und an der Schneeoberfläche fast nicht mehr sichtbar. Hier hilft dann nur noch ein guter Schweißhund.

Verschiedene Pirschzeichen

Wie schon vorne beschrieben, gehören zu den Pirschzeichen streng genommen auch die Schusszeichen, die im dritten Kapitel behandelt wurden. Hier werden sämtliche anderen Pirschzeichen beschrieben, und zwar alles, was das Stück infolge des Auftreffens des Geschosses am Wildkörper an der Anschussstelle „verliert" bzw. verursacht. Dazu gehören:

Schweiß: Art und Beschaffenheit

Am Anschuss findet sich je nach Sitz der Kugel mehr oder weniger Schweiß. Die Art und Beschaffenheit hängt ebenfalls davon ab, wo das Stück getroffen wurde, und kann von hellrot, fast pink (Lungenschweiß) bis dunkelrot, fast braun (Leberschweiß) reichen. Im Schweiß können auch Gewebeteilchen eingeschlossen sein oder er kann mit Darm- oder Panseninhalt versetzt sein.

Schweiß mit Lungenstückchen in der Fluchtfährte

Frischer Lungenschweiß mit kleinen Bläschen. Die Form der Schweißtropfen gibt auch Aufschluss über die Fluchtrichtung. Hier im Bild nach halb links.

Wildbretschweiß mit ausgelaufenem Knochenmark

Die Farbe des Schweißes kann wie gesagt variieren, so ist bei Wildbretschweiß die Bandbreite von hell- über mittel- bis dunkelrot alles möglich, je nachdem, welche Arterie oder Ader verletzt bzw. durchschossen worden ist. Sauerstoffreiches Blut in den Herzarterien ist hellrot, wogegen das kohlendioxidreiche Blut der Venen dunkelrot ist. Bei hellrotem Schweiß sind oft kleine „Bläschen" zu erkennen und zeigen einen vermeintlichen Lungenschuss an, wenn aber der Schweiß zwischen den Fingern verrieben wird und er sich fettig anfühlt, dann handelt es sich mit Sicherheit um einen hohen Laufschuss. Die Bläschen entpuppen sich als kleine Kügelchen des ausgelaufenen Knochenmarks.
Wenige Spritzer Schweiß können keine Gewissheit geben, wo die Kugel sitzt. Oftmals ist selbst bei guten Schüssen erst nach einigen Metern Schweiß zu finden. Am Anschuss selbst ist oft nicht viel Schweiß zu finden, manchmal sind es nur wenige Schweißspritzer. Hingegen sind Schweiß (und auch Schnitt- oder Schlaghaar) oftmals weit hinter dem Anschuss zu finden.

Die Stärke des Schweißverlustes hängt von verschiedenen Faktoren ab (z. B.: Welches Organ oder welcher Körperteil wurde getroffen? Welches Geschoss wurde verwendet? Feist oder auch Gescheide können sich vor den Ausschuss schieben und so den Wundkanal verschließen ...).
Bei schneller Flucht wird wenig Schweiß zu finden sein, bei langsamer Flucht gibt es mehr Schweiß und auch Tropfbetten. Je höher der Schuss im Wildkörper sitzt, desto weniger Schweiß wird zu finden sein, da sich dieser in der Bauchhöhle oder in der Kammer sammelt.

Bei Wildbretschüssen finden sich am Anschuss größere Mengen Schweiß, im Verlauf der Wundfährte schweißt das Stück jedoch immer weniger.
Bei Laufschüssen kann der Schweiß durch den schlenkernden Lauf auch weit neben der Fährte zu finden sein.

Schwieriger wird es, wenn bei der Verwendung eines kleineren Kalibers kein Ausschuss zustande kommt, dann kann es sein, dass der Schweiß fast gänzlich fehlt. Oft sind dann nur

Pirschzeichen weit hinter dem Anschuss, nicht auf dem Boden, sondern in ca. 1 m Höhe.

Getrocknneter Milzschweiß

einige wenige Schnitthaare am Anschuss zu finden. Selbst ein geübtes Auge tut sich hier sehr schwer. In dieser Situation hilft nur die Kontrolle mit einem erfahrenen Schweißhund.

Ein genaues Ansprechen des Schweißes ist nur möglich, wenn nicht Witterungseinflüsse sein Aussehen verändert haben. Schon einige Stunden Wind- und Sonneneinwirkung lassen den Schweiß eintrocknen und geben ihm ein anderes Aussehen, was Farbe und Konsistenz betrifft. Regen lässt den Schweiß verlaufen, verwässert ihn oder wäscht ihn zur Gänze ab, bei genauer Untersuchung findet das geübte Auge aber meist „feste" Pirschzeichen wie Pansen oder Gescheideinhalt, Knochenmark oder Wildbretteilchen, falls vorhanden.

Wildbretstücke, Organteile, Panseninhalt

Zusätzlich zum Schweiß kann das Geschoss auch Wildbretstücke oder Organteile (wie Leber oder Lunge) aus dem Wildkörper herausgerissen haben.

Beim Schuss durch das große Gescheide (Pansen) sind fast immer Panseninhalt und Schweiß zu finden. Der Panseninhalt riecht durch die Gärung leicht säuerlich.

Leberschuss (Kal. 243.Win) mit Leberteilen am Anschuss. Das beschossene Wild (Rehbock) hatte auf der Ausschussseite einen fast faustgroßen Ausschuss.

Nach einem unsauberen Weidwundschuss findet sich Panseninhalt. Auf diesem Foto ist viel Schweiß dabei, die Färbung kann von grünlich/ schleimig bis dunkelrot gehen.

Schnitt- und Schlaghaar, Borsten

Als Schnitthaar bezeichnet man Haare, die beim Einschuss (also beim Auftreffen der Kugel auf den Wildkörper) abgetrennt wurden und am Anschuss zu finden sind. Schlaghaare stammen vom Ausschuss. Je nach Art der Schnitt- und Schlaghaare bzw. Borsten kann man wiederum darauf schließen, an welcher Stelle der Wildkörper getroffen wurde. Die folgenden Bilder zeigen Beispiele von einem Alttier in der Sommerdecke.

Um genau feststellen zu können, von welchem Körperteil welches Haar stammt, ist es ratsam, sich ein Schnitt- und Schlaghaarbuch von den in seinem Revier vorkommenden Wildarten anzulegen, und zwar sowohl von der Sommer- als auch von der Winterdecke.

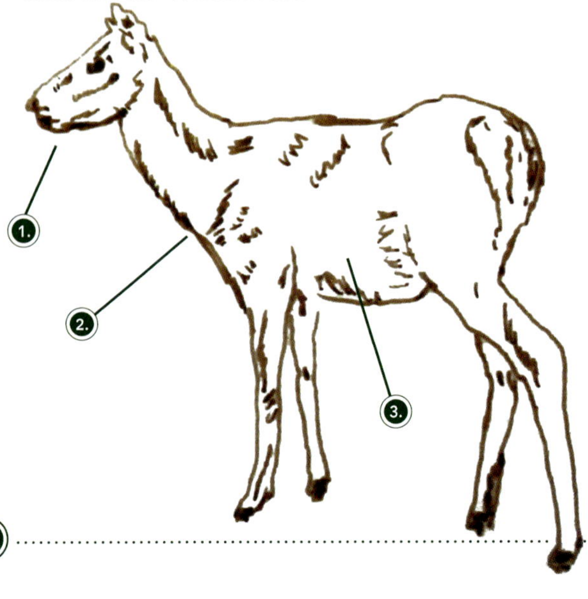

1) Kurze helle Haare (Grannen) vom Äser

2) Mittellange Haare, fein und hell vom Stich

3) Mittellange Haare, leicht gewellt, Weidwundschuss

Schaleneingriffe und Ausrisse

Darunter sind sichtbare Spuren im Boden zu verstehen, die beispielsweise beim Zusammenbrechen und Wiederaufstehen bzw. bei der Flucht durch die Läufe des Tiers verursacht werden und die gute Hinweise auf die Fluchtrichtung geben können. Genauer beschrieben werden diese auf S. 71 im Kapitel „Auf der Krankfährte/Wundfährte“.

Splitter vom Oberarmknochen

Knochensplitter/Knochenmark

Knochensplitter stammen meist von Laufschüssen. Diese sind scharfkantig und mit Knochenmark behaftet (Röhrenknochen). Bei Äserschüssen werden zwar auch Knochensplitter oder -teile gefunden, jedoch sind dann auch meist noch ausgeschossene Zähne am Anschuss zu finden.
Werden Knochensplitter am Anschuss gefunden, diese bitte unbedingt liegen lassen, um sie dem eventuell herbeigerufenen Schweißhundeführer zeigen zu können. Dieser kann sich dann ein Bild über den Sitz der Kugel und den möglichen Verlauf der Nachsuche machen.

Spitzer Röhrenknochen mit Mark (hoher Laufschuss)

Festes Knochenmark vom Röhrenknochen (links oben)

Ausgelaufenes Knochenmark (links Mitte)

„Weißes" (= Feist) vom Gescheide (links unten)

Deckenfetzen, Zähne, Teile des Geweihs

Teile von der Decke finden sich häufig bei Streifschüssen oder Äserschüssen (auch Zähne). Auch das Geweih bzw. das Gwichtl oder die Kruken können getroffen werden und Absplitterungen verursachen.

Ein geringer Achter-Hirsch wurde nur am Geweih getroffen, am Anschuss wurde ein Teil eines Augsprosses gefunden.

Kugelriss

Als Kugelriss bezeichnet man „Wunden“, die die Kugel verursacht: Wenn das Wild beispielsweise unterschossen wurde, findet man Bodenverwundungen, wenn das Geschoss einen Baum streift oder abprallt, hinterlässt das in der Rinde deutliche Spuren (siehe Pfeil auf der Abbildung rechts).

Kugelriss (Bodenverwundung), der Schuss kam von rechts.

6. AUF DER KRANKFÄHRTE/ FLUCHTFÄHRTE

Wenn nun der Anschuss genauestens untersucht wurde, wendet man sich der Fluchtfährte zu.
Im Verlauf der Fluchtfährte finden sich oft weitere Pirschzeichen, wie z. B. abgestreifter Schweiß an Bäumen oder Sträuchern oder je nach Treffer auch kleinere oder größere Tropfbetten (Stellen, an denen das Stück stehen bleibt und mehr Schweiß verliert).

Abgetropfter Schweiß, am Tropfbild erkennt man die Fluchtrichtung, (hier nach rechts).

Anschuss mit Anschussbruch und hellrotem Lungenschweiß

Tropfbett in der Fluchtfährte

Hier sieht man ganz deutlich die Fluchtrichtung in der Wundfährte, Wild zieht nach rechts.

Verhalten von krankem Wild

Wenn der Schütze nach dem Schuss lange genug gewartet und das Stück nicht aufgemüdet hat, gehen eigentlich alle angeschossenen Stücke, egal mit welchem Schuss, relativ bald ins Wundbett (sofern das Wild nicht bei einer Treib- oder Drückjagd von vornherein schon beunruhigt war). Eine Ausnahme scheinen Kiefer- und Gebrechschüsse zu sein – in diesen Fällen zieht das Wild sehr weit!
Angeschossene Stücke verhalten sich in den meisten Fällen anders als gesunde. Krankes Wild zieht in der Regel gegen den Wind, das heißt, der Wind steht ihm zu, um die Gefahr (Jäger, Nachsuchenführer) früh genug zu wittern. Schwerkranke Stücke sondern sich meist vom Rudel oder der Rotte ab, um ins Wundbett zu gehen. Bei älteren Stücken ist das Verhalten typischer als bei jungen, denn Kälber, Kitze und Frischlinge versuchen noch lange beim Muttertier zu bleiben.

Am Morgen angeschossenes Wild zieht meist in die nächstbeste Deckung ein und wird – wenn nicht nachgesucht wird – diese tagsüber nicht verlassen. Am Abend beschossenes Wild kann durch Schwarzwild aufgemüdet werden oder auch aus anderen Gründen weiterziehen.
Häufig begibt sich krankes Wild zum Kühlen ans Wasser oder in sumpfige Einstände. Bevor sich krankes Wild endgültig niedertut, versucht es durch Widergänge und Haken seine Verfolger abzuschütteln.

Laufkrankes Wild nimmt gern Wechsel und lichte Hölzer auf, da der schlenkernde Lauf im dichten Wald oder Dickicht anschlagen würde. Queren sie einen Hang, so tun sie das mit dem gesunden Lauf zum Berg. Bei Vorderlaufschüssen zieht das Wild meist bergwärts, um die Masse des Körpergewichts auf die Hinterläufe verlagern zu können.

Schwarzwild verhält sich oftmals nicht so wie oben beschrieben. Schwerkranke Sauen werfen oft den Waldboden auf, bevor sie in den Wundkessel gehen. Bei Sauen kommt es durchaus vor, dass gesunde und kranke Tiere gemeinsam in einem Kessel liegen. Grundsätzlich ist bei der Nachsuche auf Schwarzwild größte Vorsicht geboten, da angeschossene Sauen sehr gefährlich sein können!
Manchmal kann man Bachen im Kessel mit dem Gebrech klappern hören. Das kann einerseits ein Zeichen dafür sein, dass sie verwundet sind, andererseits klappern auch führende Bachen zur „Warnung“ mit dem Gebrech. In beiden Fällen ist es ein Vorzeichen für einen Angriff der Bache, sollte der Bache Gefahr drohen. Verwundete Keiler hingegen hört man in der Dickung anschlagen; sie wetzen mit den Waffen an Bäumen.

Das Verhören der Fluchten des beschossenen Wildes ist ein weiterer Hinweis auf den Sitz der Kugel. Wild mit einem Blattschuss flüchtet unkontrolliert, deshalb ist manchmal das Anschlagen des kranken Stücks an Äste oder Bäume zu hören.
Bei Weidwundschüssen sind die Fluchten schwerfällig, dadurch wird das Wegbrechen deutlich vernommen. Tritt nach dem Schuss Ruhe ein, liegt das beschossene Wild meistens. Hört man das Wild jedoch nach dem Schuss schrecken,

wurde es nicht getroffen. Allerdings kann Schrecken aber auch die Bestätigung für einen guten Schuss sein: Es kommt vor, dass z. B. das Alttier schreckt, wenn das Kalb getroffen wurde.

Bodenverwundung

Eingriffe und Ausrisse gelten als wichtiger Bestandteil des Anschusses und der Wundfährte. Durch das ruckartige Quittieren des beschossenen Stückes entstehen, je nach Bodenbeschaffenheit und Gewicht des Wildes, durch die Schalen mehr oder weniger tiefe Eingriffe oder Ausrisse im Boden.

Cito von Bschlabs, ein hundertprozentiger Totverweiser, auf der Wundfährte eines Alttiers

Dies sind oftmals die einzigen verwertbaren Pirschzeichen am Anschuss.

Ein guter Schweißhund findet auch ohne sichtbare Pirschzeichen allein aufgrund der Bodenverwundung zum beschossenen, kranken Wild. Die Schaleneingriffe verursachen nämlich das Absterben von Boden- und Mikroorganismen. Allein dieser Geruch, verstärkt durch die Wundwitterung des kranken Stückes, reicht der hochempfindlichen Hundenase. Hat der Schweißhund erst einmal die Wundfährte angefallen, wird er sehr schnell die Individualwitterung des Stückes erkennen, abgestreifte Haare (Grannen) und Hautschuppen verursachen einen individuellen Geruch. Für uns sind diese Merkmale weder sichtbar noch riechbar, deshalb – man kann nicht oft genug darauf hinweisen – ist eine Kontrollsuche unabdingbar.

7. Zusammenfassung: Schuss – Schusszeichen – Pirschzeichen

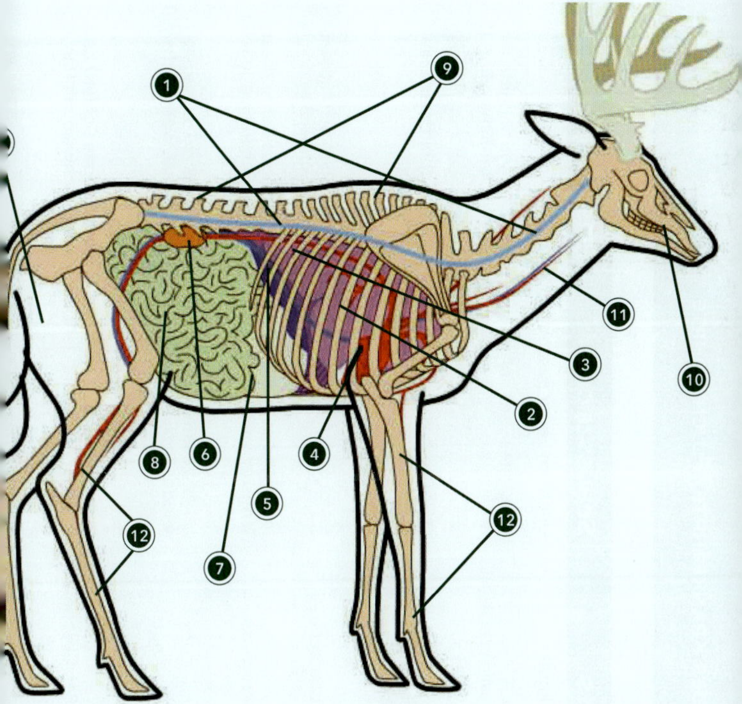

Skizze nach Ty Landry, Shot Placement Guidelines, Bayon Bucks University, 2009

SCHUSS	SCHUSSZEICHEN	PIRSCHZEICHEN	TÖDLICH JA/NEIN
1. Rückgrat	bricht im Feuer zusammen		tödlich, verendet sofort
2. Kammerschuss	steigt steil vorn auf	mittellanges Schnitthaar, dunkelroter Schweiß, evtl. blasig	Schuss ist tödlich, Herz und Lunge sind getroffen
3. Hochblattschuss / Lungenschuss	steigt vorn auf oder bricht sofort zusammen	langes Schnitthaar, Lungenteilchen	meist tödlich, je nach Verletzung der Lunge kurze oder längere Nachsuche
4. Tiefblattschuss	steigt vorn auf	mittellanges Schnitthaar, dunkler Schweiß	Herz oder Aorta getroffen, sofort tödlich
5. Leberschuss	krümmt den Rücken, zieht langsam weg	mittellanges Schnitthaar, dunkler Schweiß, grießelig, Leberstück	tödlich, verendet nach 1–2 Stunden
6. Nierenschuss	bricht zusammen, wird wieder hoch und zieht weg	langes bis mittellanges Schnitthaar, wenig Schweiß	tödlich, sehr schmerzhaft, nimmt die nächste Deckung an, verendet nach 2–3 Stunden
7. Großes Gescheide	kein deutliches Zusammenziehen, Flucht geht in langsames Ziehen über	mittellanges Schnitthaar, wenig Schweiß mit Panseninhalt	tödlich, kann noch weit ziehen, verendet nach 12–24 Stunden

8. Kleines Gescheide	schlägt mit den Hinterläufen aus, zieht mit gekrümmtem Rücken weg	mittellanges Schnitthaar, mittelroter Schweiß mit Gescheideinhalt	tödlich, nimmt bald die nächste Deckung an, verendet nach 4–8 Stunden
9. Krellschuss	bricht blitzartig zusammen, schlegelt mit den Läufen, kommt hoch und geht flüchtig ab	langes Schnitthaar, zerdrückter Boden, wenig Schweiß, evtl. Knochensplitter (Dornfortsatz)	heilt meist aus, im Winter besser als im Sommer, kommt selten zur Strecke
10. Äser- bzw. Gebrechschuss	kein deutliches Zeichnen, Schütteln des Hauptes	kurzes Schnitthaar, evtl. Knochensplitter oder Zähne, wässriger Schweiß	nicht tödlich, verhungert jedoch qualvoll nach Tagen
11. Trägerschuss (Drossel)	evtl. Schütteln des Hauptes	langes bis mittellanges Schnitthaar, hellroter blasiger Schweiß	tödlich, aber erst nach 3–8 Stunden
12. Laufschuss	Einknicken des getroffenen Laufes, geht auf drei Läufen ab	kurzes Schnitthaar, Knochensplitter, evtl. Knochenmark	nicht tödlich, heilt aus, schwierige Nachsuche
13. Wildbretschuss	geht meist in die entgegengesetzte Richtung der getroffenen Stelle, weicht dem Schuss aus	unterschiedlich langes Schnitthaar je nach Sitz der Kugel, viel Schweiß	meist nicht tödlich, heilt aus, im Winter besser als im Sommer
14. Streifschuss – kann an jeder Körperstelle erfolgen	kann zeichnen wie bei guten Schüssen, geht flüchtig ab	viel Schnitthaar, wenig Schweiß, evtl. Deckenfetzen	nicht tödlich, heilt aus

8. DIE NACHSUCHE

Die Nachsuche an und für sich ist nicht mehr Thema dieses Buches, einige kurze Informationen dazu sollen hier dennoch angeführt werden.

Wenn sich herausgestellt hat, dass man das Stück allein nicht finden wird, verständigt man einen Schweißhundeführer und bittet ihn um seine Hilfe. Die Nachsuche sollte in den meisten Fällen so schnell wie möglich durchgeführt werden, manchmal empfiehlt es sich jedoch, 1–2 Stunden abzuwarten. Wenn aber bereits die Nacht hereinbricht, verschiebt man sie lieber auf den nächsten Tag und beginnt gleich bei Tagesanbruch. Eine Nachsuche bei Nacht und vielleicht noch mit der Taschenlampe ist nicht nur jagdlicher Unsinn, sondern auch gefährlich (Schwarzwild) und sollte die absolute Ausnahme bleiben. Wurde ein Nachsuchenführer gerufen, so muss dieser am Anschuss vom verantwortlichen Schützen eingewiesen werden. Alle Informationen über das beschossene Wild, Geschlecht, Art, Konstitution, Reaktion auf den Schuss und die vermutliche (wahrgenommene) Fluchtrichtung, müssen erfolgen. Aber auch Informationen über die Revierverhältnisse, über eventuelle Hindernisse (Bahn, Autobahn) oder Besonderheiten sollten in einer kurzen Beschreibung dem Nachsuchenführer mitgeteilt werden. Wichtig ist auch zu wissen, ob eine Wildfolgevereinbarung mit den Reviernachbarn getroffen worden ist.

Sollte es bei einer Nachsuche zu einer Hatz kommen und der Hund stellt das Wild, dann gibt nur der Schweißhundeführer und niemand sonst den Fangschuss ab!

Durchschnittliche Nachsuchenstrecken

(aus: Briedermann, L.; Endell, H.: Lehren aus 1100 Nachsuchen, Unsere Jagd 28 (6): 18, 181., Deutscher Landwirtschaftsverlag, Berlin 1978)

Rotwild

Untersuchungen haben ergeben, dass bei Rotwild die Fluchtstrecken auch bei sogenannten sauberen Schüssen noch recht weit sein können.

Bei **Blattschüssen** kann die Fluchtdistanz zwischen 30 und 800 Metern betragen, was eine durchschnittliche Nachsuchenstrecke von über 170 Metern ergibt!

Bei **Leberschüssen** sind die Nachsuchenstrecken zwischen 100 und 400 Meter lang. Eine besondere Häufung (69 %) lag bei einer Entfernung von 100 bis 250 Metern.

Bei **Weidwundschüssen** können die Entfernungen schon deutlich höher sein und bis zu 2000 Meter betragen. Die ermittelte Durchschnittslänge lag bei 425 Metern, was die vorhergehenden Werte bei weitem übersteigt.

Keulenschüsse haben ebenfalls meist relativ weite und schwierige Nachsuchen zur Folge. Die Durchschnittslänge lag bei 668 Metern und reichte von 20 bis 3200 Metern. Eine Hetze erfolgte bei einem Drittel der Nachsuchen.

Laufschüsse sind mit Recht als die Schussverletzungen bekannt, welche die gefürchtetsten Nachsuchen ergeben. Schon die Durchschnittslänge von 1320 Metern bei einem aufgetretenen Streubereich von 100 bis zu 6000 Metern sagt aus, was von einem Hund, der diese Aufgabe erfolgreich beenden soll, erwartet werden muss, zumal in 100 % der Fälle eine Hetze den Abschluss bildet.

Rehwild

Als schwächste Schalenwildart wird von den meisten Jägern, aber auch von unerfahrenen Hundeführern die Schusshärte des Rehwilds oft verkannt. Selbstverständlich ist es weicher als Rot- oder Schwarzwild. Trotzdem ergaben sich aus den Untersuchungen erstaunliche Werte.

Blattschüsse ergaben immerhin einen Durchschnittswert von 138 Metern, bei einer Spannweite von 20 bis 500 Metern. Die besondere Häufung lag mit 63 % im Bereich bis 100 Meter, jedoch sind Nachsuchen bis 250 Meter mit 27 % und bis 500 Meter mit 9 % keine Ausnahme.

Leberschüsse weisen einen Streubereich von 50 bis 250 Metern auf, wobei der Durchschnittswert 134 Meter beträgt. Aufgrund dieser selten vorkommenden Schussverletzungen müssen diese Werte vorsichtig eingeschätzt werden. Eine besondere Häufung trat nicht auf. Die Hälfte aller Suchen führte nach 100 Metern, der verbleibende Rest nach 250 Metern zum verendeten Stück.

Weidwundschüsse haben eine durchschnittliche Nachsuchenlänge von etwa 260 Metern, jedoch sind auch weitaus größere Strecken (Riemenarbeit bis 1800 Meter) möglich. 90 % der Suchen führten bis 500 Meter zum Erfolg. 8 % erforderten Arbeiten bis 1000 Meter. Kurze Hetzen waren bei 10 % der Nachsuchen erforderlich.

Keulenschüsse sind aufgrund der geringen Anzahl in der Wertung nicht aussagekräftig. Jedoch sind Nachsuchen zwischen 50 und 350 Metern möglich.

Laufschüsse ergeben einen durchschnittlichen Wert von 556 Metern aus einem Spektrum vom 25 bis 2000 Meter. Die Verteilung der Suchenlänge ist relativ gleichmäßig.

Während 55 % der Nachsuchen bereits nach 250 Metern zum Stück führten, mussten 41 % über 500 Meter nachgesucht werden. Auch beim Rehwild ergeben etwa 90 % der Nachsuchen dieser Art eine Hetze.
Die relative Kürze der Nachsuchen und die doch recht hohe Wahrscheinlichkeit von Hetzen bei schlechteren Schüssen ergeben in Verbindung mit der hohen Beliebtheit der Rehwitterung bei Hunden Veranlassung zur Mahnung, da sich Rehwild – im Gegensatz zum Rotwild – nicht stellt. Rehnachsuchen sind nur mit älteren und firmen Hunden durchzuführen.

Schwarzwild

Wie allgemein bekannt ist, gilt Schwarzwild als die schusshärteste und wehrhafteste Wildart. Das wird auch durch die durchgeführten Untersuchungen bestätigt, bei dieser Wildart wurden die höchsten Durchschnittsentfernungen bei Nachsuchen erreicht.
Blattschüsse können bei dieser Wildart durchwegs Nachsuchenstrecken zwischen 50 und 1000 Metern ergeben.
Leberschüsse zeigen eine relativ gleichmäßige Streuung im Bereich von 50 bis 500 Metern. Längere Nachsuchenstrecken dürften die Ausnahme sein.
Weidwundschüsse bei Schwarzwild sind bedeutend schwieriger nachzusuchen als bei anderen Schalenwildarten. Der Streubereich reicht von 40 bis 4000 Metern, die Durchschnittslänge beträgt ca. 900 Meter. Die gleichmäßigste Verteilung hat der Bereich von 101 bis 1000 Metern, wobei 2000 Meter lange Nachsuchen keine Ausnahme darstellen. In über 10 % aller Nachsuchen kam es zur Hetze.

Bei einem **Keulenschuss** beträgt die Nachsuchendistanz 150 bis 1500 Meter. Die Verteilung ist recht gleichmäßig, der Durchschnittswert beträgt 583 Meter. Keulenschüsse erfordern fast immer eine Hetze.

Laufschüsse mit einem Durchschnittswert von 948 Metern haben eine besondere Häufung im Bereich von 250 bis 1000 Metern. 66 % aller Riemenarbeiten führten in diesem Bereich zum Stück. Zu beachten ist jedoch, dass 20 % aller Nachsuchen bis zu 4000 Meter weit führten. Jeder Laufschuss bedurfte einer Hetze.

9. Einige Gedanken zum Schluss

Auch wenn ich viele der folgenden Punkte bereits erwähnt habe, möchte ich einiges noch einmal besonders betonen: Lassen Sie dem beschossenen Wild reichlich Zeit, um krank zu werden. Vermeiden Sie unbedingt zu frühes Angehen des vermeintlichen Anschusses. Faustregel: mindestens 15 Minuten Wartezeit.

Verbrechen Sie den Anschuss und die wahrgenommene Fluchtrichtung, entweder auf traditionelle Weise oder mit einem auffälligen farbigen Band. Das ist für eine spätere Nachsuche unentbehrlich. Wenn Sie selbst keinen firmen Hund haben, holen Sie sich Hilfe von einem erfahrenen Nachsuchenführer (Schweißhundeführer). Diese sind zum Stillschweigen verpflichtet und werden außer den Aufwandskosten (Fahrt/Benzin) sicherlich kein Geld verlangen.

Und zum Schluss noch eine Bitte, welche mir persönlich sehr am Herzen liegt:
Stellen Sie sich, als verantwortlicher Schütze, bei einer Nachsuche persönlich zur Verfügung. Dies gebietet schon der Anstand dem Nachsuchenführer und der von Ihnen beschossenen Kreatur gegenüber. Auch Wild ist ein Lebewesen und verdient eine respektvolle Behandlung.

Kontaktadressen:

- Klub für bayrische Gebirgsschweißhund (www.bayerischer-gebirgsschweisshund.de
- Österreichischer Schweißhundeverband (www.schweisshunde.at)

Literaturnachweis: mit freundlicher Genehmigung von Klaus Richter, „Schweißarbeit"
Birkholz 5, 17213 Molchow
(Direktbezug beim Autor),
Deutscher Landwirtschaftsverlag,
Berlin 1992

Bildnachweis: Peter Schild, Tierfotograf, Schweiz (S. 16-18)
Hubert Billiani, Lenggries (S. 28, 29, 33, 34)
Alexander Kelle,
Forstamt Pressig–Rothenkirchen (S. 47)
Archiv Weishaupt (S. 19-22, 41, 91)
Robert Fath (S. 83, 93)

Alle übrigen Fotos wurden vom Autor zur Verfügung gestellt

10. Anhang – Brüche

Bruchzeichen

Die alten Bruchzeichen sind auch heute noch gültig und wichtig. Doch viele sind in Vergessenheit geraten, weil sie immer mehr von modernen Hilfsmitteln (Handy, Sprühdosen etc.) verdrängt wurden.
Das kann aber in der Praxis (bei Gesellschaftsjagden oder einer Trauerfeier z. B.) ziemlich peinlich werden, wenn hier der falsche Bruch verwendet wird. Damit das nicht passiert, möchte ich hier die verschiedenen Brüche kurz vorstellen und erklären (mit freundlicher Genehmigung der Franckh-Kosmos Verlags-GmbH & Co. KG, Stuttgart entnommen aus: Walter Frevert: Das jagdliche Brauchtum, 2001).

Verständigungsbrüche

Der Standplatzbruch

Er spielt eine Rolle bei Gesellschaftsjagden, wenn jedem Jäger ein besonderer Platz zugewiesen wird, z. B. bei einer Waldjagd. Der Bruch wird in den Boden gesteckt und zeigt dem Jäger an, wo er sich hinstellen soll. Dieser Bruch ist auch ein wertvoller Hinweis für den Nachsuchenführer, weil er somit weiß, aus welcher Richtung das Stück beschossen wurde.

Standplatzbruch

Warnbruch

Der Warnbruch

Der Warnbruch ist ein armlanger Zweig, der mit dem Jagdmesser von Zweigen, Blättern und der Rinde befreit (befegt), wird. Nur die Spitze bleibt unbefegt. Der Bruch wird zu einem Reif gebogen und gut sichtbar aufgehängt. Er warnt vor einer Gefahrenstelle oder dient auch als Hinweis auf den Anschuss.

Hauptbruch und Leitbruch

Hauptbruch und Leitbruch

Der Hauptbruch (armlang) kann gelegt oder auch aufgehängt werden. Hier im Bild die gelegte Version mit einem Leitbruch (halbarmlang) davor.

Haupt- und Leitbruch sind befegt, der Leitbruch zeigt mit der gewachsenen Spitze die Gehrichtung an. Leitbrüche werden in Sichtabstand gelegt und leiten den Nachsuchenführer zum Anschuss oder zum gestreckten Wild.

Der Anschussbruch

Der Anschussbruch ist ein armlanger Ast, der senkrecht am Anschuss in den Boden gesteckt wird, er leistet für die Nachsuche einen guten Anhaltspunkt, da in dessen Umfeld mit der Nachsuche begonnen werden kann. Zusätzlich wird noch der Fährtenbruch gelegt.

Anschussbruch

Der Fährtenbruch

Der Fährtenbruch ist halbarmlang und wird vor den in den Boden gesteckten Anschussbruch gelegt. Anhand der vorgefundenen Pirschzeichen sieht der Fährtenbruch unterschiedlich aus: Bei männlichem Wild zeigt die mit dem Messer zugespitzte Seite und bei weiblichem Wild die gewachsene Seite die Fluchtrichtung an. Um Missverständnisse auszuschließen, wird hinter den Fährtenbruch ein kleiner Zweig gelegt (das nennt man „geäftert"). Ist die Fluchtrichtung unbekannt, werden zwei kleine Brüche hinter den Fährtenbruch gelegt.

Fährtenbruch

Wartebruch

Der Wartebruch

Der Wartebruch spielt heute, im Handyzeitalter, fast keine Rolle mehr. Aber es kann durchaus Situationen geben, wo kein Handynetz zur Verfügung steht. Er dient als Nachricht, wenn sich zwei Jäger an einem bestimmten Ort verabredet haben. Muss einer der beiden noch einmal kurzfristig weg, legt er zwei armlange Äste gekreuzt auf den Boden. Das bedeutet: „Bitte warten, ich komme gleich wieder." Wenn die gekreuzten Äste befegt sind, dann weiß der Jagdfreund, dass er nicht zu warten braucht.

Wartebruch (warten aufgegeben)

Der Wartebruch (warten aufgegeben)

Die seitlichen Verästelungen an beiden Zweigen des Wartebruchs werden entfernt und dann wieder überkreuzt abgelegt, was bedeutet, das Warten wurde aufgegeben.

Brauchtumsbrüche

Der Inbesitznahmebruch

Wenn ein Jäger ein Stück Schalenwild erlegt und an das Stück herantritt, dann nimmt er es in Besitz. Um das deutlich zu machen, gibt es den Inbesitznahmebruch. Das versorgte Wild wird auf die rechte Seite (wie auch beim Streckenlegen) gelegt und mit dem Bruch gekennzeichnet. Der Bruch wird auf den Wildkörper gelegt. Beim männlichen Wild zeigt die gebrochene Spitze zum Haupt, beim weiblichen Wild die gewachsene Spitze.

Der letzte Bissen

Es ist alter und schöner Brauch, das erlegte Schalenwild, aber auch die Hahnen (soweit noch jagdbar) mit dem letzten Bissen zu ehren. Der Bruch wird dem Wild in den Äser (Brocker) gesteckt.

Inbesitznahmebruch und letzte Bissen

Erlegerbruch

Der Erlegerbruch

Der Erlegerbruch ist für den erfolgreichen Jäger bestimmt. Er wird leicht mit Schweiß vom erlegten Wild benetzt. Der Erlegerbruch wird immer auf der rechten Hutseite getragen, aber nur am Tag des Jagderfolges, er sollte klein und unaufdringlich sein. Sollte ein Jagdbegleiter oder Jagdleiter anwesend sein, so überreicht dieser den Bruch auf dem abgenommenen Hut mit einem „Weidmannsheil". Der Erleger nimmt den Bruch, steckt ihn auf die rechte Hutseite und erwidert den Gruß mit einem „Weidmannsdank".

Der Festtagsbruch

Dieser Bruch wird bei traditionellen Festen der Jäger getragen. Er wird wie der Erlegerbruch auf der rechten Hutseite getragen, ist jedoch nicht mit Schweiß benetzt.

Der Nachsuchenbruch (wie Erlegerbruch)

Der Nachsuchenbruch wird dem Erleger vom Schweißhundeführer überreicht. Meist wird der Bruch geteilt und auch der Schweißhund bekommt ein kleines Zweiglein durch den Ring der Halsung. Damit will man deutlich machen, dass auch der vierbeinige Jagdkamerad einen großen Anteil am Jagderfolg hatte.

Nachsuchenbruch für den Hund

Trauerbruch

Der Trauerbruch

Bei der Beerdigung eines Jagdkameraden tragen die Jäger den Bruch zu Ehren des Verstorbenen auf der linken Hutseite und mit der Unterseite (matte Seite) nach außen. Der Bruch wird ins offene Grab des Verstorbenen geworfen.

ISBN 978-3-7020-1711-8

Toni Huber

PIRSCH AUF GAMS, REH UND HIRSCH

Faszination Bergjagd

180 Seiten,
zahlreiche Farbabbildungen,
Hardcover, € 19,90

Die Faszination der Bergjagd und die Schönheiten der heimischen Gebirgslandschaften stehen im Mittelpunkt der Kurzgeschichten dieses Buches, aus denen die Freude des Jägers am erfolgreichen Pirschgang, aber auch das Erleben der freien Natur leuchten. Der Autor, begeisterter Jäger und Naturliebhaber, erzählt im urwüchsig bayrischen Erzählstil, der auch Leser weit über die Grenzen dieses Landes hinaus anspricht, in zahlreichen Kurzgeschichten über seine jagdlichen Erlebnisse. Ein kurzweiliger Ansitzbegleiter für jeden Grünrock.

Andreas Hörtnagl
BERG-
HIRSCHE
ANSPRECHEN
Kriterien der Altersbestimmung
stv

Gerd H. Meyden (Hg.)
FRIEDRICH
VON GAGERN
Die besten Erzählungen
stv

Erich Pitzl
Darum
Bracken!
Der ideale Hund für
Bewegungsjagd und
Nachsuche
Leopold Stocker Verlag